BIBLIOTHÈQUE DE LA *LIGUE AGRICOLE*

CONFÉRENCE DE M. JULES PASTRE

(SYNDICAT AGRICOLE DE MURVIEL-LES-BÉZIERS)

LE ROLE

DES

ANCIENS ET DES NOUVEAUX

BIBLIOTHÈQUE DE LA *LIGUE AGRICOLE*

CONFÉRENCE DE M. JULES PASTRE

(SYNDICAT AGRICOLE DE MURVIEL-LES-BÉZIERS)

LE ROLE

DES

ANCIENS ET DES NOUVEAUX

CÉPAGES FRANÇAIS

DANS LA

RECONSTITUTION DU VIGNOBLE

DU CANTON DE MURVIEL

Prix : 0 fr. 50

MONTPELLIER
TYPOGRAPHIE ET LITHOGRAPHIE CHARLES BOEHM
10, rue d'Alger, 10

1890

CONFÉRENCE DE M. JULES PASTRE

LE ROLE

DES

ANCIENS ET DES NOUVEAUX CÉPAGES FRANÇAIS

DANS LA

RECONSTITUTION DU VIGNOBLE

DU CANTON DE MURVIEL

MESSIEURS,

Si je n'écoutais que mon sentiment, j'abandonnerais le sujet de ma conférence et je vous entretiendrais seulement de nos craintes, de nos légitimes espérances.

La communication, si grave, que vous venez d'entendre, vous a appris que si nous pouvions compter sur le dévouement de nos représentants, de la majorité du Parlement, nous avions à craindre une minorité, puissante par son autorité, redoutable par son talent et son influence parlementaire; de là, ces atermoiements, ces renvois, qui paralysent la bonne volonté de nos députés, cette interprétation erronée des conventions internationales et cette prétention de faire dépendre le sort d'un traité formel, conclu le 1er octobre 1861, expirant réellement le 1er octobre 1889, ou dans tous les cas le 13 mars 1890, d'une convention militaire conclue le 6 messidor an X, entre la France et la Turquie, ou des Capitulations de Louis XV et de François Ier !

Certes, Messieurs, votre approbation, vos applaudissements, prouvent combien ce sujet vous intéresse; mais, sachant que nos intérêts économiques sont en bonnes mains, quelle est la confiance que nous pouvons avoir dans la vigilance des présidents de nos Sociétés agricoles, je vais, esclave du programme, faire violence à mon inspiration et revenir à la question agricole qui nous réunit : l'étude du « Rôle des anciens et des nouveaux cépages français dans la reconstitution du vignoble du canton de Murviel. »

J'essayerai ainsi de continuer la série des conférences si brillamment commencées dans notre canton par mon excellent ami M. Justin Augé.

Au milieu du département de l'Hérault, terre classique de la viticulture, le canton de Murviel, avec ses 7,000 hectares de vignes françaises et sa production de 300,000 hectolitres, semble, par sa situation topographique et sa constitution géologique, réunir toutes les qualités requises pour produire, en grande quantité, les vins les plus estimés du Midi.

Abrité par les Cévennes, son vignoble, par des ondulations variées, s'étage depuis les plaines de l'Orb, du Libron et du Taurou, jusqu'aux sommets de la première chaîne ; situé au milieu d'une constitution géologique assez tourmentée et changeante, il a l'heureuse fortune de s'étendre dans des alluvions très riches, dans le diluvium alpin et les dépôts caillouteux des plateaux, dans les molasses marines et les marnes du tertiaire et dans les schistes paléozoïques de l'étage de transition.

C'est dans ces milieux différents, dans ces altitudes variées, que nous allons examiner quels étaient les cépages français qui prospéraient autrefois et donnaient les meilleurs résultats, quels sont ceux qui doivent être choisis aujourd'hui de préférence, en présence du greffage, des maladies cryptogamiques nouvelles et des modifications économiques apportées dans la production des vins.

Avant le Phylloxera, les onze communes de notre canton cultivaient presque exclusivement la vigne, et, si l'on excepte quelques cultures forestières dans les communes de Saint-Nazaire-de-Ladarez, Cabrerolles, Caussiniojouls et Laurens, la culture de l'olivier, des céréales et des fourrages, sur une partie restreinte de notre canton, on peut dire que la vigne était la base de l'agriculture et que c'était à elle que nous devions une prospérité fabuleuse, sans rivale. L'expérience des cinquante dernières années, après la transformation des vins de chaudière en vins de commerce, avait consacré la supériorité de quelques cépages sur les variétés innombrables qui peuplaient les vignes centenaires, appelées « vignes de tout plant».

Ces variétés de plants noirs destinés à la cuve, connues de tous, étaient : l'Aramon, le Carignane, l'Alicante ou Grenache, le Morrastel, le Morrastel-Fleuri ou Brun-Fourcat, l'Aspiran noir et le Terret noir dans quelques terrains spéciaux.

Aujourd'hui, après la reconstitution de presque

tous nos vignobles, après l'expérience chèrement acquise, nous pouvons étudier quels sont ceux, parmi ces cépages, qui ont pu résister à toutes les calamités qu'a dû subir la viticulture, depuis les insectes et les cryptogames jusqu'à la concurrence étrangère, et quelle est la valeur réelle, pour nos vignobles, de ceux que l'on a proposés pour les remplacer.

Aramon.

L'Aramon a conservé la juste faveur de nos vignerons; ce magnifique cépage semble en effet braver une partie de nos ennemis; se greffant bien sur la plupart des plants américains, et spécialement sur les Riparias, il est en outre peu sujet à l'Anthracnose et est une des variétés de nos contrées les moins sensibles aux attaques du Mildew. Peut-être l'Aramon aura-t-il des ennemis plus redoutables dans le Black-Rot et le Coniothyrium Diplodiella que j'ai trouvé en 1888 et 1889 sur la rive gauche du ruisseau de Landayran (affluent de la rive gauche de l'Orb), menaçant ainsi toute la riche plaine de Murviel et de Thézan; mais, à l'heure actuelle, l'Aramon est le véritable plant riche de notre région.

Le Carignane.

Pour donner du corps, du degré et de la couleur aux vins d'Aramon, les viticulteurs avaient propagé le Carignane, cépage espagnol, originaire du Campo de Cariñena, en Aragon; ce plant leur avait donné de très grands résultats; on reprochait bien au Carignane d'être variable dans sa production, d'être sujet à la coulure, de craindre les attaques de l'Oïdium et de l'Anthracnose, mais ces défauts étaient compensés par des qualités réelles, si sérieuses, que le Carignane était appelé à jouer un rôle aussi important que celui de l'Aramon. Malheureusement, le Carignane, attaqué violemment par les maladies cryptogamiques nouvelles, ne peut être défendu qu'au prix des plus grands sacrifices.

Cependant, malgré les attaques de l'Anthracnose et de l'Oïdium, malgré les invasions rapides et précoces du Mildew, qui compromettent sa récolte, ce cépage a pour nous une valeur très considérable.

Ses greffons se développent très rapidement sur les diverses variétés américaines, son débourrement tardif le met en partie à l'abri des gelées printanières; le port de ses souches, la fermeté de ses grains, leur maturité tardive, permettent au Carignane de résister à la pourriture et aux pluies toujours redoutables de la mi-septembre.

Les vins de Carignane ont une couleur suffisante, une grande fermeté et un degré très élevé; c'est ce dernier caractère qui donne à ce plant, malgré tous ses défauts, une importance capitale.

Morrastel.

Le Morrastel fut un des plants les plus remarquables de la première période de grande production vinicole, il formait les vins renommés de Causses, Saint-Nazaire, Cabrerolles; dans les plantations nouvelles, il est presque abandonné. On lui reproche sa fertilité trop réduite, la petite dimension de ses grains, le faible rendement en jus de ses grappes.

Tous les terrains ne convenaient pas autrefois au Morrastel, mais depuis l'invasion du Mildew la difficulté de son adaptation semble avoir encore augmenté; dans les terrains humides de notre canton, on nous a signalé des Morrastels rabougris après deux ou trois années de greffe.

Certes il ne faut pas proscrire un cépage qui nous a rendu de si importants services, mais nous verrons qu'il convient de le réserver pour certains milieux spéciaux.

Morrastel-Fleuri.

Le Morrastel-Fleuri ou Brun-Fourcat avait été planté sur de vastes surfaces, avant l'invasion du Phylloxera; dans la reconstitution du vignoble, il occupe une place restreinte. Son vin est très fin, très rouge, sa production suffisante, sa maturité assez hâtive ; mais, à côté de ces qualités, le Morrastel-Fleuri a de graves défauts: il est sujet aux retours de sève, qui forment sur ses bras des broussins; son raisin pourrit vite, et l'égrènement de ses grappes fait le désespoir des vendangeurs. Ce cépage s'adapte mal comme le Morrastel et est très sensible aux attaques du Mildew.

Alicante.

C'est avec l'Alicante, ou Grenache, que nos vignerons faisaient jadis ces vins de liqueur, si parfumés, qui ne sont pas dans le commerce, mais que tous vous avez pu apprécier. En dehors des vins de liqueur, titrant de 15 à 20°, ce cépage servait encore à produire des vins très alcooliques qui ont fait la réputation d'une grande partie des crus du canton.

L'Alicante a des qualités réelles, qui sont: sa grande rusticité, la valeur supérieure de son vin, son titre alcoolique élevé, sa magnifique végétation sur les cépages américains.

Mais à côté de ces qualités il faut constater de graves défauts : en première ligne, la coulure et sa sensibilité excessive au Mildew, puis le vieillissement trop rapide de son vin. L'Alicante prend vite une couleur jaune qui le rend dangereux dans les coupages.

Aspiran noir.

L'Aspiran noir, ou Ravayrenc, était seulement cultivé pour la table et se trouvait dans des vignes composées d'autres cépages ; depuis les plantations nouvelles, plusieurs propriétaires de notre canton ont pensé qu'il était prudent de cultiver un cépage qui, s'il donnait un vin très peu coloré, produisait une récolte abondante et des vins très fins et très alcooliques.

Les essais faits avec l'Aspiran noir sont trop récents pour qu'il soit possible de se prononcer catégoriquement pour encourager ou enrayer sa multiplication ; cependant il est incontestable que les vins qui contiennent une partie d'Aspiran ont un arome spécial et un feu tout particulier, qui rend dangereuse quelquefois l'hospitalité offerte par leur propriétaire.

Du Terret noir il ne reste que le souvenir.

Telles sont, Messieurs, rapidement décrites, les principales variétés françaises qui ont une valeur sérieuse pour la reconstitution de nos nouveaux vignobles.

Ces cépages répondaient admirablement aux besoins de la consommation de la période qui a précédé la crise phylloxérique : l'Aramon donnait la quantité, le Carignane, l'Alicante, le titre alcoolique, le Morrastel et le Morrastel-Fleuri, la finesse ; la couleur était fournie par les Carignanes et les Morrastels.

Mais, pendant que notre viticulture succombait sous les attaques du puceron, un fait économique, plus grave que le Phylloxera, s'accomplissait autour de nous, contre nous.

Profitant de l'absence de nos vins, les étrangers envahirent le marché national, obligèrent le commerce à accepter leurs produits pharmaceutiques et finirent enfin par fausser le goût si délicat des consommateurs français. Les drogues et les vins d'Espagne avaient remplacé les bons vins de France, la fuchsine et l'alcool allemand régnaient en maîtres sur le marché français, et, malgré les louables efforts de nos parquets, malgré les plaintes de nos Sociétés agricoles et des commerçants français, minés par cette concurrence déloyale, notre viticulture eût été bien près de sa perte, si nos agriculteurs, avec ce génie qui depuis un demi-siècle leur a fait faire de si grandes et de si fréquentes découvertes, n'avaient trouvé, encore une fois, une arme loyale pour supprimer à jamais les colorants toxiques et combattre les vins d'Espagne véhicules des alcools d'outre-Rhin.

On inondait la France de vins colorés artificiellement et nuisibles pour la santé publique, la France allait répondre en produisant des vins supérieurs naturellement colorés.

Les vignerons n'ont eu qu'à expérimenter, à choisir les nouveaux cépages, car un homme remarquable, Louis Bouschet de Bernard, avait, en 1824, tenté des expériences, couronnées de succès, pour obtenir, par l'hybridation et le semis, des vignes nouvelles, produisant la quantité comme nos anciens plants du pays, des vins colorés comme certains cépages à jus rouge.

L'œuvre de Louis Bouschet de Bernard fut continuée par Henri Bouschet de Bernard, et ces deux viticulteurs, nos compatriotes, créèrent ainsi ces admirables cépages que nous allons étudier.

Il n'entre pas dans le cadre de cette modeste conférence de vous rapporter en détail comment les Bouschet ont obtenu les vignes à jus coloré, ce travail a été fait et publié par un jeune professeur de talent, mon ancien condisciple et ami. Pierre Viala, et c'est dans son beau livre sur les *Hybrides Bouschet* que vous trouverez une étude complète de cette création.

Nous ne pouvons pas non plus nous occuper des 63 variétés d'hybrides Bouschet; nous examinerons seulement les principales, celles qui ont une importance pratique pour nos vignobles.

Le Petit-Bouschet.

Louis Bouschet de Bernard féconda, en 1829, une grappe de fleurs d'Aramon par le Teinturier du Cher, et en 1836, après sept années, il cueillit les premiers fruits d'un cépage qu'il nomma le Petit-Bouschet.

C'est donc l'un des premiers semis des graines hybrides qui a donné ce plant précieux.

Le Petit-Bouschet a été propagé en 1860, mais son importance n'a été réellement mise en lumière que depuis une quinzaine d'années.

Le Petit-Bouschet est un grand producteur; dans les terrains fertiles, il donne une récolte qui, sans être aussi considérable que celle de l'Aramon, égale les productions du Carignane et du Terret-Bourret plantés dans des terrains similaires.

La couleur de son vin est trois fois plus intense que celle de l'Aramon.

Il est peu sensible aux gelées, à cause de son débourrement tardif; il craint peu l'Anthracnose, et, parmi les cépages français, est un des plus résistants aux maladies cryptogamiques.

A côté de ces qualités, nous devons signaler quelques défauts.

Le Petit-Bouschet est sujet à la pourriture, ses grains s'égrènent plus que ceux de l'Aramon, et dans les plaines fertiles son vin manque d'alcool et de tenue.

Dans les milieux où ce cépage donne une production supérieure à 100 hectol. par hectare, il n'est pas rare de trouver des vins titrant moins de 6° d'alcool, et, dans ce cas, ces vins, rouges après la fermentation, prennent rapidement une couleur jaune qui les déprécie au point de vue du commerce. Ce défaut, qui pendant plusieurs années a retardé la propagation des hybrides Bouschet, est corrigé, en partie, par les coupages intelligents faits par les propriétaires ; mais le moyen le plus simple pour l'éviter consiste à supprimer la cause, l'excès de production.

Lorsque les Petits-Bouschet sont cultivés en effet dans des terrains de fertilité moyenne, leur vin conserve ses qualités normales, et leur titre alcoolique est relativement élevé. Henri Bouschet de Bernard a exagéré sans doute, lorsqu'il a dit que le Petit-Bouschet, cultivé sur les coteaux et parfaitement mûr, pouvait produire des vins titrant 11, 12, 13 et 14° Baumé, ce qui correspond à peu près à 11, 12, 13 et 14° d'alcool; mais, sans aller jusque-là, nous pouvons cependant admettre que le Petit-Bouschet peut donner des vins de 9°, et ce chiffre n'est pas trop élevé puisque les Petits Bouschets de l'École d'Agriculture ont titré 9°,5 en 1883 et 9°,8 en 1884.

Le Grand-Noir de la Calmette.

Le Grand-Noir de la Calmette est un hybride d'Aramon et de Petit-Bouschet; on le confond quelquefois avec le Morrastel-Bouschet, sous le prétexte que le Grand-Noir ressemble plus au Morrastel que le Morrastel-Bouschet lui-même ; et, partant de ce principe faux que les hybrides doivent ressembler à leurs deux ancêtres, plusieurs viticulteurs persistent à appeler le Morrastel-Bouschet Grand-Noir, et le Grand-Noir Morrastel ; ces erreurs ampélographiques n'ont pas, au point de vue pratique, une grande importance ; mais il faut cependant s'entendre et savoir quel est le véritable cépage qui est étudié.

La distinction pratique du Grand-Noir et du Morrastel-Bouschet est très facile. Le Grand-Noir de la Calmette est érigé, assez résistant au Mildew ; le Morrastel-Bouschet, au contraire, est étalé, très sensible aux attaques du Mildew ; dans mes cultures et malgré les traitements les plus énergiques, je n'ai jamais pu sauver les feuilles du Morrastel-Bouschet de l'invasion du Peronospora. Je dois encore signaler à ceux d'entre vous qui s'occupent de botanique agricole les poils raides qui se trouvent sur les nervures des feuilles du Morrastel-Bouschet et qui le distinguent scientifiquement du Grand-Noir de la Calmette.

Ces distinctions faites, revenons au Grand-Noir, le seul dont nous ayons à nous occuper, le Morrastel-Bouschet, à cause des attaques du Mildew, n'ayant pour le moment aucune valeur.

Le Grand-Noir a acquis dans notre canton, et spécialement dans les schistes, une grande notoriété, et serait, de l'avis des agriculteurs les plus compétents de la commune de Cabrerolles, le cépage qui conviendrait le mieux aux terrains schisteux de Cabrerolles, Saint-Nazaire et Caussiniojouls. Comme j'ai été le promoteur des expériences faites dans ces communes et que la plupart des Grands-Noirs, greffés dans ces milieux, sont sortis de mes collections, je vais vous indiquer ce que je crois fondé dans cette opinion, si optimiste, ce que je crois exagéré.

Le Grand-Noir de la Calmette est un cépage très

vigoureux, le plus vigoureux peut-être de tous les hybrides Bouschet; il se comporte bien sur les différents porte-greffes employés usuellement : Riparia, Rupestris, York's-Madeira, Solonis, peut-être se développera-t-il bien aussi sur le Jacquez. Contrairement à ce qu'avaient remarqué MM. Bouschet et Vialla, il s'est montré dans notre canton avec une fructification régulière et soutenue. Il est peu sensible à la coulure, il produit dans les schistes plus que les Alicantes-Bouschet ordinaires, mais je ne crois pas que sa production égale celle de l'Alicante Henri-Bouschet; il débourre tard, n'est pas trop précoce; ses racines, fermes, résistent assez à la pourriture et au grillage; on estime que le Grand-Noir pourrait attendre la vendange de l'Aramon. Son vin est assez fin, un des plus fins parmi les hybrides Bouschet. Mais il a de graves défauts qui ne permettront peut-être pas aux viticulteurs de notre canton de le propager comme ils l'espèrent.

Le vin du Grand-Noir a un faible titre alcoolique, il est moins coloré que le Petit-Bouschet, et d'après Henri Bouschet ce vin vieillirait très vite.

Les expériences faites avec ce cépage, quels que soient les résultats obtenus, doivent être continuées avec prudence. Les premières observations sont favorables, mais il reste à examiner si, dans les terrains où l'on se propose de le cultiver, on n'aura pas intérêt à greffer des plants donnant un titre alcoolique très élevé.

L'Alicante-Bouschet.

Mais le plus remarquable de tous les hybrides Bouschet, celui qui est appelé à jouer le rôle le plus important est l'Alicante-Bouschet. Avant d'étudier ce cépage, il est nécessaire de consacrer quelques mots à son histoire.

L'Alicante-Bouschet n'est pas un type unique, c'est un groupe de vignes n'ayant ni la même origine, ni la même valeur.

C'est en 1855, dit M. Vialla, qu'Henri Bouschet féconda une fleur d'Alicante avec le Petit-Bouschet, et il obtint deux cépages, l'Alicante-Bouschet n° 1 et l'Alicante Henri-Bouschet; il est aussi probable, quoique les documents fassent défaut, que l'Alicante extra fertile est un produit de semis de 1855. En 1865, Henri Bouschet féconda la même souche d'Alicante par la même souche de Petit-Bouschet, et il obtint un cépage qu'il nomma l'Alicante-Bouschet n° 2. De quelques autres hybridations faites en 1855 et 1865, soit avec le Bouschet à feuilles lisses, soit avec le Petit-Bouschet, l'Alicante ou Grenache jouant le rôle de pied femelle, il est issu d'autres variétés d'Alicante-Bouschet: l'Alicante-Bouschet à sarments érigés, l'Alicante-Bouschet à feuilles découpées, l'Alicante-Bouschet précoce, l'Alicante-Bouschet tardif, l'Alicante-Bouschet n° 7 et l'Alicante-Bouschet à longues grappes; mais de ces nombreuses variétés, le n° 1, le n° 2, l'extra fertile et l'Henri-Bouschet ont seuls une grande valeur. L'Alicante-Bouschet n° 1 et l'Alicante-Bouschet extra fertile peuvent être distingués de l'Alicante-Bouschet n° 2 et de l'Alicante-Henri-Bouschet, mais quoique l'Alicante-Henri ait été obtenu en 1855 et l'Alicante n° 2 en 1865, dix ans après, ces deux cépages ne peuvent pas être distingués ampélographiquement.

Cependant, à Autignac, où il a été fait des plantations très considérables d'Alicante-Bouschet, l'Alicante-Henri-Bouschet, absolument authentique, puisqu'il provient de la souche-mère de la Prade, s'est montré si supérieur à toutes les autres variétés d'Alicante, mélangées dans les vignes et venues de tous les côtés, que les propriétaires d'Autignac ont rejeté les greffons de leurs propres vignes et épuisé ceux des dix mille pieds d'Alicante-Henri que j'avais mis gracieusement à leur disposition.

Cette constatation pratique, faite dans notre canton, confirmant l'opinion de beaucoup de viticulteurs, indique que c'est l'individu le plus méritant du groupe; c'est donc lui que nous allons étudier.

L'Alicante-Henri-Bouschet a deux défauts sérieux qui ne sont peut-être pas assez connus: il est fortement attaqué par l'Anthracnose, et dans les milieux humides il pousse mal.

A côté de ses défauts, signalons ses qualités. Sa fructification est régulière, tandis qu'elle est variable chez les autres Alicantes; vous savez en effet qu'en dehors des accidents météorologiques qui ont amené la coulure presque complète des Alicantes-Bouschet en 1887 et dont j'ai signalé les causes dans un article paru l'année de cet échec cultural, il existe des variétés ordinairement très vigoureuses qui coulent tous les ans sans retenir une seule grappe; ces souches doivent être soigneusement numérotées et gref-

fées; mais avec l'Alicante Henri-Bouschet cet accident n'est pas à redouter. La végétation de l'Alicante-Henri est très vigoureuse, sa fertilité assez grande lui permet de donner dans les terres fertiles une récolte de 80 hectolitres par hectare. Son vin est six fois plus coloré que celui de l'Aramon, deux fois plus coloré que le Petit-Bouschet. Il est relativement alcoolique, et son titre s'élève facilement sur les coteaux à 10°. Ce vin est assez fin, assez distingué. Dans les coupages il améliore les Aramons, il ne jaunit pas comme le Petit-Bouschet. Enfin son marc est une mine inépuisable de couleur, et, dans les vignobles où l'Aramon domine, il est possible de colorer deux cuvées d'Aramon en faisant filtrer leur vin de goutte sur le marc non pressé de l'Alicante-Bouschet. Lorsque l'opération est bien conduite et que les trois cuvées sont réunies dans le même foudre, le produit obtenu est supérieur au vin pur de Petit-Bouschet, mais il faut avoir la précaution de surveiller le chapeau et d'éviter l'acidité.

En résumé, l'Alicante-Henri-Bouschet, donnant une production suffisante, un vin irréprochable, c'est le cépage, à jus rouge, qui doit servir dans la plupart des cas à obtenir ce que réclame le commerce, des vins très colorés.

On a proposé encore, parmi les Bouschet, les Aramons-Bouschet dont la production n'égale pas celle des Petits-Bouschet; l'Aramon-Teinturier-Bouschet, cépage qui a eu son moment de célébrité, mais qui malheureusement décline et se rabougrit après deux ou trois ans de greffe; le Morrastel-Bouschet à gros grains, très sensible au Mildew; le Terret-Bouschet, qui a les défauts de l'Aramon-Teinturier et du Morrastel Bouschet; le Picquepoul-Bouschet, qui, d'après Henri Bouschet, n'a pas plus de couleur que nos vins du pays ; le Carignane-Bouschet, hybride de Morrastel et de Petit-Bouschet, qui donne peu de couleur et peu de degré ; ce dernier cépage, à production très irrégulière, présente un caractère spécial : ses rameaux aoûtés se rompent brusquement sous la moindre pression, de là le nom de Plant de Verre donné au Carignane-Bouschet, et enfin l'Aspiran-Bouschet qui serait un plant très remarquable s'il donnait une production plus élevée. L'Aspiran-Bouschet a vingt-cinq fois la couleur de l'Aramon, mais à la taille courte sa fructification est très réduite ; ce cépage ne doit donc pas être multiplié sans des expériences de taille longue sérieuses et concluantes; l'Aspiran-Bouschet semble surtout appelé à jouer le rôle de vigne mâle dans des hybridations futures.

Ainsi, Messieurs, de ce nombre considérable d'hybrides, nous ne pouvons en retenir que trois : le Petit-Bouschet, le Grand-Noir de la Calmette, l'Alicante-Bouschet.

D'autres expérimentateurs se sont mis à l'œuvre ; suivant l'exemple donné par les Bouschet de Bernard, ils cherchent un plant, fertile comme nos anciens cépages, coloré comme les meilleures variétés de Bouschet, résistant au Phylloxera, au Mildew, au Black-Rot, donnant un vin distingué et très alcoolique. Quoique ces recherches soient une œuvre longue et difficile, les résultats obtenus sont encourageants et permettent d'espérer que ce « rara avis » agricole n'est pas introuvable ; pour certaines régions, MM. Millardet, Couderc, d'Aurelles, etc., ont déjà proposé des cépages qui ont une grande valeur; mais, pour notre extrême Midi, on n'a obtenu encore aucun plant qui puisse rivaliser avec les anciennes vignes du pays et les hybrides Bouschet.

Nous allons donc rechercher quels sont, parmi les anciens plants du pays et les hybrides Bouschet qui nous ont paru les meilleurs, ceux que nous devons greffer dans les plaines, sur les coteaux, dans la partie montagneuse.

Dans les Plaines.

Que les plaines soient formées par les alluvions, si nombreuses dans les communes de Thézan et de Murviel, par les terrains tertiaires, qui constituent la plus grande partie des communes de Thézan, Murviel, Pailhès, Saint-Geniès, Autignac et Laurens, soit par les bas-fonds du Diluvium, qui s'étend sur la commune de Puimisson, deux plants doivent être employés: l'Aramon et le Petit-Bouschet. Lorsque la fertilité est excessive, c'est l'Aramon seul qui doit servir de greffon, à moins que des conditions spéciales n'obligent le propriétaire, à cause des gelées et des inondations, à employer un cépage débourrant tard et mûrissant de bonne heure, comme le Petit-Bouschet.

Mais le Petit-Bouschet sera surtout réservé pour les plaines de fertilité moyenne, où il donnera une production suffisante et une couleur remarquable, ce qui permettra aux propriétaires qui n'ont que des alluvions, de produire des vins relativement colorés.

Sur les Coteaux.

Une distinction doit être faite entre les coteaux du Diluvium alpin et les coteaux de la Molasse marine et des marnes du tertiaire. Le Diluvium alpin et les terrains similaires occupent dans notre canton une étendue relativement importante, spécialement dans la commune de Puimisson, avec des fragments dans les communes de Causses, Murviel, Saint-Geniès, Autignac et Laurens. Dans ces sols, caractérisés par la présence des cailloux roulés, on pourra greffer des Carignanes, des Alicantes-Bouschet, des Morrastels; on obtiendra le maximum de couleur et d'alcool avec les Carignanes et Alicantes-Henri-Bouschet. Ce sont d'ailleurs les terres les plus faciles à reconstituer, celles où presque tous les plants prospèrent, et cette facilité d'adaptation exclut toute étude spéciale.

Sur les coteaux du tertiaire, composés de marnes, plus ou moins argileuses, plus ou moins calcaires, la reconstitution est beaucoup plus difficile et le choix des cépages greffons beaucoup plus important. Lorsque ces marnes ne sont pas trop humides, soit qu'elles contiennent moins d'argile, ou qu'elles soient drainées naturellement par des bancs de calcaire, des calcaires concassés ou des polypiers, on peut les comparer aux terres du Diluvium, et les cépages qui prospèrent dans les cailloux roulés leur conviennent ; ainsi les bancs de polypiers qui forment à Autignac le coteau des Peyrals portent des vignes d'Alicante-Bouschet et de Carignane excessivement vigoureuses. Sur ces coteaux, il faudra donc greffer des Carignanes et des Alicantes-Bouschet.

Mais lorsque la marne est plus argileuse, plus humide, dans les milieux exposés à l'Anthracnose, il faudra greffer des Petits-Bouschet ou de l'Aramon. Avant le Phylloxera, dans les terrains semblables, en général assez fertiles, on plantait des Aramons; on avait en effet remarqué que sur les coteaux humides les Carignanes, les Morrastels, les Bruns-Fourcats, étaient exposés aux retours de sève et aux maladies cryptogamiques et se développaient irrégulièrement. Aujourd'hui il semble que, sans exclure l'Aramon de ces terrains, on devrait en reconstituer une grande partie avec des Petits-Bouschet. En effet, si nous estimons qu'il est imprudent de placer des Petits-Bouschet dans des plaines fertiles où ils donneront la moitié de la production des Aramons, nous pensons aussi que l'Aramon ne doit pas occuper seul des terrains où le Petit-Bouschet produira autant que lui et donnera un vin d'une valeur très supérieure.

Dans les Schistes.

Les schistes occupent, dans notre canton, une étendue considérable; ils recouvrent, presque en totalité, la partie cultivée des communes de Saint-Nazaire, Cabrerolles, Caussiniojouls, la partie nord des communes de Causses, Murviel, Autignac et Laurens.

Avant l'invasion du Phylloxera, c'était dans cette nature de terrains que se récoltaient les vins les plus renommés du canton de Murviel. Dans ces milieux, l'attaque du puceron fut foudroyante, soit que la propagation de l'insecte fût facilitée par la constitution physique du terrain, soit que, dans cette formation géologique, il ne trouvât aucun obstacle à son cheminement; vous savez que les schistes de notre canton sont en effet composés de couches d'ardoises, plus ou moins pulvérisées par les agents atmosphériques, subdivisées en des multitudes de feuillets appliqués les uns sur les autres. Après la destruction des vignes, qui amena la ruine agricole de toute la partie nord du canton, plusieurs viticulteurs pensaient que les terrains montagneux devaient rester incultes, recouverts de broussailles, de ronces, de genêts, d'arbousiers, et devaient être rendus à la culture forestière. Mais quelques hommes énergiques entreprirent au contraire la reconstitution de ces terrains arides; leur exemple fut suivi par la grande majorité des agriculteurs, et, les montagnes schisteuses, attaquées de toute part, se recouvrent peu à peu de plants américains. L'adaptation des plants américains a été complète dans les schistes, ainsi que le faisait prévoir leur constitution physique et chimique, et dans ces sols la Chlorose est inconnue. Mais si l'adaptation des plants américains porte-greffes a été facile, celle des plants français greffons est beaucoup plus délicate, à cause de la modification apportée dans la production des plaines. Ainsi que nous l'avons indiqué dans les terrains fertiles, les qualités du vin ont été sensiblement améliorées, et les propriétaires des parties montagneuses ont à lutter contre une production considérable et contre des qualités supérieures. Il faut donc rechercher, dans les schistes, des qualités exceptionnelles au lieu d'un rendement élevé qu'on ne peut pas obtenir. L'Aramon doit être abandonné dans toute la partie schisteuse, sa production y est d'ailleurs très réduite par la sécheresse et le grillage. On greffera des Carignanes, des Alicantes-Bouschet, des Grands-Noirs de la Calmette, des Morrastels, des Bruns-Fourcats, des Aspirans, des Grenaches; les Carignanes, les Alicantes-Bouschet, les Grands-Noirs de la Calmette, occuperont les parties les plus fertiles, là où le schiste est plus friable, plus argileux ; dans les parties de fertilité moyenne, on emploiera des Aspirans, des Morrastels et des Bruns-Fourcats ; enfin l'Alicante ou Grenache sera réservé aux terres les plus arides, les moins riches.

En résumé, Messieurs, je pense que dans notre canton la reconstitution par les cépages français peut être faite dans les proportions suivantes.

Dans les plaines fertiles :

4/5 Aramon;

1/5 Petit-Bouschet.

Dans les terrains de fertilité moyenne :

3/5 Aramon et Petit-Bouschet ;

1/5 Carignane;

1/5 Alicante-Bouschet.

Dans la partie montagneuse et dans les terres de fertilité médiocre :

2/5 Carignane;

2/5 Alicante-Bouschet;

1/5 Grand Noir de la Calmette, Morrastel, Brun-Fourcat, Alicante ou Grenache, Aspiran noir ou Ravayrenc.

En procédant ainsi, nous obtiendrons des vins estimés, soit pour la consommation directe, soit pour les coupages.

Mais nous devons viser plus haut. Vous savez qu'avant la crise phylloxérique les vins de notre canton étaient achetés directement, en grande partie, par des négociants du Bordelais et de la Bourgogne; on admettait en principe que les vins de Saint-Nazaire, Cabrerolles, Caussiniojouls, Laurens, se coupaient très bien avec le Mâconnais et le Beaujolais, tandis que les vins de Causses, Murviel, Autignac et les vins supérieurs de Thézan, Saint-Geniès, Pailhès, Puimisson, fournissaient d'excellents mélanges avec les vins de la Gironde; à Bordeaux et Mâcon, nos crus étaient très connus, très estimés. Pendant la période de destruction et de reconstitution, cette clientèle a abandonné nos marchés; en 1888, elle nous est revenue en partie, mais il dépend de nous de l'augmenter encore. Il faut que les vins du canton de Murviel soient considérés comme les meilleurs vins du département de l'Hérault; nous avons pour nous une vieille réputation, un terrain propice, d'excellentes méthodes agricoles. Si nos produits ne peuvent pas être classés comme le Saint-Georges, ils doivent occuper la première place sur la liste des bons vins non classés du midi de la France.

En choisissant rigoureusement les cépages, en faisant des mélanges intelligents, en combinant la couleur des uns avec la finesse et l'alcool des autres, nous obtiendrons ce résultat qui semblait inespéré: produire beaucoup de vin et de bon vin.

La reconstitution complète de nos vignobles, une production abondante, des qualités supérieures, sont absolument assurées, et je devrais pouvoir terminer ma causerie en affirmant que la viticulture française, après avoir vaincu le Phylloxera, vaincu le Mildew, va entrer dans une ère nouvelle de prospérité.

Hélas ! Messieurs, il en serait ainsi si nous n'avions à combattre un ennemi plus redoutable que tous les insectes et toutes les maladies cryptogamiques: la concurrence déloyale et désastreuse des produits étrangers.

C'est contre cette concurrence, ruineuse pour la patrie, que nous devons nous élever sans cesse, c'est elle la « delenda Carthago » de toutes nos réunions agricoles !

Qu'importe en effet que nous ayons jeté des centaines de millions sur nos terres, qu'importe que des millions de travailleurs arrosent cette terre de leur sueur, si ces millions et ce travail sont irrévocablement perdus, si les Grecs, les Turcs, les Italiens, les Hongrois, les Allemands, les Espagnols, les Portugais, inondent notre marché de leurs produits !

A quoi servira la reconstitution de nos vignobles, si, dans notre propre pays, le consommateur, indignement trompé, ne boit que du raisin sec et de l'alcool allemand au lieu du vin généreux de France ?

Comme dans notre lutte contre le Phylloxera, contre le Mildew, il faut que tous, propriétaires ou ouvriers, nous déployions toute notre énergie, et, puisque le Parlement a nommé une commission des douanes chargée d'étudier les questions économiques, nos doléances doivent être entendues.

Ce que nous voulons est simple, juste, formel.

Nous demandons que tous les traités de commerce, toutes les conventions commerciales, soient dénoncés à leurs échéances respectives ;

Qu'aucun traité de commerce ne soit renouvelé, quelles que soient d'ailleurs les raisons de politique internationale que l'on pourrait invoquer ;

Que nos relations commerciales avec les étrangers soient basées sur un tarif général équitable, protégeant nos industries et notre agriculture contre la concurrence déloyale des produits exotiques ;

Que les vins soient frappés d'un droit de douane de 20 fr. minimum par hectolitre, avec faculté de relever ce droit lorsque les étrangers accorderont à leurs produits une prime à l'exportation.

Nous demandons l'application stricte de la loi Griffe et le vote immédiat de la nouvelle loi présentée par ce sénateur, puisque les parquets sont impuissants, dans bien des cas, à réprimer la fraude.

Nous demandons que les raisins secs soient frappés d'un droit de douane de 30 fr. par 100 kilogr.

Nous demandons enfin que sur les rails français les produits français payent les mêmes droits que les produits étrangers.

Toutes ces demandes sont bien modestes si on les compare aux faveurs inouïes accordées aux raisins secs et aux vins exotiques, aux taxes fabuleuses qui frappent nos vins à l'étranger.

En répondant au questionnaire, nous dirons à nos représentants : que la France ne veut plus faire vivre les autres peuples à ses dépens ; que les 600 millions qui sortent tous les ans de notre pays seraient mieux placés dans nos mains que dans celles des étrangers, qui peuvent avoir la pensée d'en faire un mauvais usage.

Nous leur dirons encore que l'augmentation des tarifs douaniers donnera au Trésor une somme énorme de 600 millions, qui servira à combler, sans emprunts, le déficit de nos budgets, à amortir notre dette nationale, à réaliser enfin ces réformes sociales, si justes, si urgentes, si impatiemment attendues par les classes laborieuses !

C'est dans un an qu'expirent nos derniers traités ; si par notre faute nous laissons renouveler ces conventions ruineuses, nous commettons un crime de lèse-patrie !

Serrons donc nos rangs !

Et puisque nous n'avons pas encore de chambres agricoles directement élues par le peuple, secondons les hommes dévoués qui président nos Sociétés agricoles, donnons-leur l'autorité nécessaire pour parler haut en notre nom.

C'est ainsi que nous mettrons en pratique dans notre canton la fière devise du Syndicat de Murviel : «Tout pour la terre française» !

FIN.

LA LIGUE AGRICOLE

LE PLUS GRAND, LE PLUS COMPLET

LE MEILLEUR MARCHÉ

DES JOURNAUX AGRICOLES

DU MIDI

PARAISSANT TOUS LES VENDREDIS **A MONTPELLIER**

4 Fr. par An, Abonnement 4 Fr. par An.

8, Place de la Comédie, 8, MONTPELLIER

www.ingramcontent.com/pod-product-compliance
Ingram Content Group UK Ltd.
Pitfield, Milton Keynes, MK11 3LW, UK
UKHW022145260726
13993UKWH00005B/2175

9 782019 949617